Ruby Jindal

Arrefecer a Terra: As aplicações e os malefícios do uso do ar condicionado

Ruby Jindal

Arrefecer a Terra: As aplicações e os malefícios do uso do ar condicionado

ScienciaScripts

Imprint

Cover image: www.ingimage.com

This book is a translation from the original published under ISBN 978-620-7-80745-1.

Publisher:
Sciencia Scripts
is a trademark of
Dodo Books Indian Ocean Ltd. and OmniScriptum S.R.L publishing group

120 High Road, East Finchley, London, N2 9ED, United Kingdom
Str. Armeneasca 28/1, office 1, Chisinau MD-2012, Republic of Moldova, Europe
Printed at: see last page
ISBN: 978-620-7-99214-0

Índice

Prefácio

No meio de verões sufocantes e do aumento das temperaturas globais, o ar condicionado tornou-se uma parte indispensável da vida moderna. Promete alívio do calor, aumenta a produtividade nos locais de trabalho e assegura o conforto nas nossas casas. No entanto, por detrás desta maravilha tecnológica escondem-se questões complexas que exigem a nossa atenção.

À medida que procuramos arrefecer os nossos ambientes, temos de nos confrontar com as profundas implicações ambientais, económicas e de saúde da nossa dependência do ar condicionado. Este livro analisa tanto as aplicações como os danos frequentemente negligenciados da utilização do ar condicionado, com o objetivo de proporcionar uma exploração equilibrada do seu impacto no nosso mundo.

Através de uma análise detalhada, descobrimos como o ar condicionado influencia os padrões de consumo de energia, agrava as ilhas de calor urbanas e contribui para as emissões de gases com efeito de estufa. Analisamos os seus efeitos na qualidade do ar interior, na saúde respiratória e até no bem-estar psicológico. Além disso, exploramos os custos económicos, os desafios das infra-estruturas e as disparidades no acesso global às tecnologias de arrefecimento.

Por
Dr. Ruby Jindal
(Universidade K.R. Mangalam, Gurugram, Haryana, Índia)

Capítulo 1: Introdução ao ar condicionado

O nascimento do conforto

A invenção do ar condicionado marcou um momento revolucionário na história da humanidade, alterando para sempre a forma como vivemos e interagimos com os nossos ambientes. Enquanto as civilizações antigas conceberam métodos rudimentares de arrefecimento utilizando a água e a circulação de ar, o ar condicionado moderno, tal como o conhecemos, surgiu no início do século XX.

Em 1902, Willis Carrier, um engenheiro de Nova Iorque, apresentou a primeira unidade de ar condicionado eléctrica do mundo. Inicialmente concebida para controlar a humidade numa fábrica de impressão, a invenção de Carrier rapidamente encontrou aplicações para além dos ambientes industriais. Nas décadas de 1920 e 1930, os sistemas de ar condicionado começaram a aparecer em teatros, grandes armazéns e, eventualmente, em casas, transformando os meses de verão de opressivos em confortáveis.

Compreender a tecnologia

Na sua essência, um aparelho de ar condicionado funciona com base nos princípios da termodinâmica, aproveitando as propriedades dos refrigerantes e dos ciclos de compressão para remover o calor dos espaços interiores. O processo começa com o compressor, que pressuriza e faz circular o gás refrigerante através de bobinas. À medida que o refrigerante se condensa e evapora, absorve o calor do ar interior, que é depois expelido para o exterior através de outro conjunto de serpentinas e de uma ventoinha.

Os componentes principais incluem a bobina do evaporador, onde o fluido frigorigéneo absorve o calor do ar interior, e a bobina do condensador, onde o fluido frigorigéneo liberta o calor para o ambiente exterior. Os avanços modernos conduziram a sistemas mais eficientes, incorporando compressores de velocidade variável, termóstatos programáveis e controlos inteligentes que optimizam a utilização de energia, mantendo os níveis de conforto.

Aplicações do ar condicionado

Conforto residencial

A proliferação do ar condicionado residencial alterou fundamentalmente os padrões de vida, particularmente em regiões com climas quentes e húmidos. Proporciona alívio de temperaturas extremas, melhora a qualidade do sono e aumenta o bem-estar geral. Além disso, o ar condicionado tornou-se essencial no combate às doenças relacionadas com o calor e à mortalidade durante as vagas de calor, oferecendo uma linha de vida crítica às populações vulneráveis, como os idosos e as crianças.

Necessidade comercial

Em ambientes comerciais, o ar condicionado não é apenas um luxo, mas uma necessidade. Escritórios, centros comerciais, restaurantes e hospitais dependem de climas interiores estáveis para garantir o conforto dos clientes, a produtividade dos funcionários e o armazenamento seguro de produtos perecíveis e medicamentos. A indústria hoteleira, em particular, prospera ao proporcionar espaços frescos e convidativos que atraem e retêm os hóspedes.

Utilização industrial

Para além do conforto, o ar condicionado desempenha um papel fundamental nos processos industriais, onde o controlo preciso da temperatura e da humidade é primordial. Indústrias como a farmacêutica, o processamento de alimentos, os centros de dados e o fabrico dependem do ar condicionado para manter a qualidade do produto, evitar o sobreaquecimento do equipamento e garantir a continuidade operacional.

Conclusão

A introdução e a adoção generalizada do ar condicionado melhoraram inegavelmente a qualidade de vida de milhões de pessoas, oferecendo um alívio do calor opressivo e promovendo o desenvolvimento económico. No entanto, ao mesmo tempo que nos deleitamos com o conforto que proporciona, devemos também analisar criticamente o seu impacto ambiental, os padrões de consumo de energia e a sustentabilidade a longo prazo. Este capítulo prepara o terreno para uma exploração mais profunda das implicações multifacetadas da utilização do ar condicionado, convidando os leitores a considerar tanto os seus benefícios como as suas consequências indesejadas no nosso planeta e na sociedade.

Capítulo 2: Aplicações do ar condicionado

O ar condicionado evoluiu de um luxo para uma necessidade em muitas partes do mundo, transformando a forma como vivemos, trabalhamos e interagimos com os nossos ambientes. Este capítulo explora as diversas aplicações do ar condicionado nos sectores residencial, comercial e industrial, destacando o seu profundo impacto na vida moderna.

Conforto residencial

O ar condicionado revolucionou a vida residencial, particularmente em regiões com climas extremos. Proporciona um conforto essencial durante os Verões quentes, criando um refúgio do calor abrasador e da humidade opressiva. Para além do mero luxo, o ar condicionado residencial melhora a saúde e o bem-estar, reduzindo o stress relacionado com o calor e melhorando a qualidade do ar interior.

Nas casas, os sistemas de ar condicionado vão desde unidades de janela a sistemas HVAC (Aquecimento, Ventilação e Ar Condicionado) centralizados. Os avanços modernos incluem modelos energeticamente eficientes, termóstatos inteligentes e sistemas de zoneamento que permitem um controlo climático personalizado em diferentes áreas da casa. Este nível de conforto e controlo não só melhora a vida quotidiana, como também contribui para valores de propriedade mais elevados e para a comercialização de imóveis.

No entanto, a adoção generalizada do ar condicionado residencial traz consigo desafios. O aumento do consumo de energia sobrecarrega as redes eléctricas, especialmente durante os períodos de pico de procura, e contribui para o aumento das facturas de serviços públicos para os proprietários de casas. Além disso, a dependência do ar condicionado pode isolar as pessoas dentro de casa, reduzindo potencialmente a interação social e a atividade física durante os meses mais quentes.

Necessidade comercial

Em ambientes comerciais, o ar condicionado é indispensável para manter um ambiente propício às operações comerciais e à satisfação dos clientes.

Escritórios, espaços comerciais, restaurantes e instalações de cuidados de saúde dependem de temperaturas interiores consistentes para garantir o conforto, a produtividade e a saúde.

Escritórios: O ar condicionado nos escritórios apoia o bem-estar e a produtividade dos funcionários, mantendo condições de trabalho confortáveis durante todo o ano. Os ambientes com temperatura controlada ajudam a reduzir as distracções e o desconforto associados às temperaturas exteriores variáveis, promovendo assim a concentração e a eficiência.

Retalho: O ar condicionado é crucial em ambientes de retalho para criar uma experiência de compra agradável e incentivar o tráfego de clientes. As temperaturas confortáveis melhoram a atmosfera geral das compras, aumentam o tempo de permanência e potencialmente impulsionam as vendas.

Restaurantes: O ar condicionado é essencial nos restaurantes para garantir o conforto dos clientes e manter os padrões de segurança alimentar. Os climas interiores controlados ajudam a criar uma experiência gastronómica agradável, independentemente das condições meteorológicas exteriores.

Cuidados de saúde: Em hospitais e instalações médicas, o ar condicionado é essencial para o conforto dos doentes, o controlo de infecções e a preservação de medicamentos e equipamento médico. Os ambientes interiores estáveis apoiam a recuperação e promovem a cura dos doentes.

Utilização industrial

As indústrias dependem do ar condicionado para um controlo preciso da temperatura e da humidade em vários processos de fabrico e ambientes especializados.

Produtos farmacêuticos: O ar condicionado é vital no fabrico de produtos farmacêuticos para manter os níveis rigorosos de temperatura e humidade necessários à estabilidade dos medicamentos e à garantia de qualidade.

Processamento de alimentos: Nas instalações de processamento de alimentos, o ar condicionado ajuda a regular as condições para evitar a deterioração, manter a integridade do produto e garantir a conformidade com as normas de segurança alimentar.

Centros de dados: O ar condicionado é indispensável nos centros de dados para evitar o sobreaquecimento do equipamento e garantir o funcionamento ininterrupto das infra-estruturas críticas de TI.

Fabrico: Muitos processos de fabrico requerem ambientes controlados para otimizar a eficiência da produção, preservar as matérias-primas e proteger o equipamento sensível.

Conclusão

Desde o aumento do conforto residencial até ao apoio a operações comerciais e processos industriais, o ar condicionado desempenha um papel fundamental na sociedade moderna. As suas aplicações vão muito além do mero conforto, tendo impacto na saúde, na produtividade e no desenvolvimento económico. No entanto, à medida que abraçamos os benefícios do ar condicionado, temos também de abordar o seu consumo de energia, impacto ambiental e desafios de sustentabilidade. Os próximos capítulos irão aprofundar estas complexidades, explorando a forma como o ar condicionado molda o nosso mundo e os esforços em curso para mitigar os seus efeitos negativos e maximizar os seus benefícios.

Capítulo 3: Impacto ambiental do ar condicionado

O ar condicionado, embora essencial para o conforto e a produtividade num mundo em aquecimento, coloca desafios ambientais significativos. Este capítulo explora o impacto ambiental dos sistemas de ar condicionado, centrando-se no consumo de energia, nas emissões de gases com efeito de estufa e na sua contribuição para as ilhas de calor urbanas.

Consumo de energia

O ar condicionado consome grandes quantidades de eletricidade, especialmente durante os meses de pico do verão. A procura de energia para refrigeração é substancial, tanto no sector residencial como no comercial, excedendo frequentemente a de outros aparelhos domésticos. Este elevado consumo de energia exerce pressão sobre as redes eléctricas e contribui para o aumento das emissões de gases com efeito de estufa provenientes da produção de energia.

Sector residencial: A proliferação do ar condicionado nas habitações conduziu a contas de eletricidade mais elevadas para os consumidores e a um aumento da procura de eletricidade durante o tempo quente. Em regiões com produção de eletricidade predominantemente baseada em combustíveis fósseis, isto traduz-se em emissões mais elevadas de dióxido de carbono (CO2) e outros poluentes.

Sectores comercial e industrial: Os edifícios comerciais, escritórios e instalações industriais também contribuem significativamente para o consumo de energia relacionado com o ar condicionado. Os sistemas AVAC de grande escala e os requisitos de arrefecimento extensivos amplificam ainda mais as necessidades energéticas e os impactos ambientais.

Emissões de gases com efeito de estufa

O funcionamento dos sistemas de ar condicionado contribui indiretamente para as emissões de gases com efeito de estufa através do consumo de eletricidade. Em regiões onde a produção de eletricidade depende fortemente de combustíveis fósseis, como o carvão e o gás natural, o ar condicionado torna-se um contribuinte notável para as emissões de CO2, que impulsionam as alterações climáticas.

Emissões directas: Alguns sistemas de ar condicionado utilizam refrigerantes que são gases com efeito de estufa potentes, como os hidrofluorocarbonetos (HFC). Embora os sistemas mais recentes utilizem fluidos frigorigéneos mais amigos do ambiente, a eliminação incorrecta ou a fuga de unidades mais antigas pode libertar estes gases nocivos para a atmosfera.

Emissões indirectas: A dependência da eletricidade para fins de refrigeração significa que o impacto ambiental se estende para além da localização imediata das unidades de ar condicionado. As centrais eléctricas emitem CO2 e outros poluentes durante a produção de eletricidade, contribuindo para os problemas regionais e globais de qualidade do ar e para as alterações climáticas.

Ilhas de calor urbanas

O ar condicionado exacerbou involuntariamente o fenómeno conhecido como ilhas de calor urbanas (UHIs), em que as zonas urbanas registam temperaturas mais elevadas do que as zonas rurais.

Absorção de calor: Os aparelhos de ar condicionado expulsam o calor dos espaços interiores para o exterior, contribuindo para o aquecimento localizado em ambientes urbanos. O efeito cumulativo de milhões de unidades de ar condicionado a funcionar em simultâneo pode aumentar significativamente as temperaturas nas zonas urbanas, especialmente durante as ondas de calor.

Intensidade do consumo de energia: As zonas urbanas de alta densidade com uma concentração de unidades de ar condicionado registam um aumento da intensidade do consumo de energia, exacerbando os efeitos da UHI. As temperaturas mais elevadas daí resultantes podem ter impactos adversos na saúde humana, aumentar a procura de energia para arrefecimento e afetar a resiliência das infra-estruturas durante fenómenos meteorológicos extremos.

Estratégias de atenuação

A resolução do impacto ambiental do ar condicionado exige uma abordagem multifacetada que envolva inovações tecnológicas, intervenções políticas e mudanças de comportamento.

Eficiência energética: Melhorar a eficiência energética das unidades de ar condicionado através de avanços tecnológicos, como compressores de velocidade variável, controlos inteligentes e melhor isolamento, pode reduzir o consumo de eletricidade e as emissões associadas.

Transição para refrigerantes sustentáveis: A eliminação progressiva das substâncias que empobrecem a camada de ozono e dos fluidos refrigerantes com elevado potencial de aquecimento global a favor de alternativas respeitadoras do ambiente, como os hidrocarbonetos e os fluidos refrigerantes naturais, pode atenuar as emissões directas dos sistemas de ar condicionado.

Planeamento urbano: A implementação de estratégias de planeamento urbano que dêem prioridade a espaços verdes, superfícies reflectoras e projectos de edifícios sustentáveis pode ajudar a atenuar os efeitos da UHI e reduzir a procura global de arrefecimento nas cidades.

Política e regulamentação: A adoção de políticas que promovam códigos de construção energeticamente eficientes, incentivem a adoção de fontes de energia renováveis e regulem a gestão e eliminação de refrigerantes são passos fundamentais para reduzir a pegada ambiental do ar condicionado.

Conclusão

Embora o ar condicionado proporcione um conforto essencial e melhore a qualidade de vida, o seu impacto ambiental não pode ser ignorado. Compreender e mitigar estes impactos são passos cruciais para alcançar soluções de refrigeração sustentáveis que equilibrem o conforto humano com a gestão ambiental. Os próximos capítulos irão explorar os efeitos do ar condicionado na saúde, considerações económicas e estratégias para promover alternativas sustentáveis nas tecnologias de arrefecimento.

Capítulo 4: Efeitos do ar condicionado na saúde

Os sistemas de ar condicionado desempenham um papel importante na criação de ambientes interiores confortáveis, mas o seu impacto na saúde humana vai para além do mero controlo da temperatura. Este capítulo explora os vários efeitos na saúde associados ao ar condicionado, incluindo questões relacionadas com a qualidade do ar interior, problemas de saúde respiratória e impactos psicológicos.

Qualidade do ar interior

Uma das principais preocupações relacionadas com o ar condicionado é a sua influência na qualidade do ar interior (QAI). Embora o ar condicionado ajude a filtrar os poluentes e alergénios exteriores, também pode contribuir para problemas de qualidade do ar interior se não for objeto de uma manutenção adequada.

Problemas de ventilação: Os edifícios estanques e as janelas seladas, comuns na construção moderna para fins de eficiência energética, podem limitar a ventilação natural e levar a uma acumulação de poluentes do ar interior. Estes poluentes podem incluir compostos orgânicos voláteis (COV), partículas, esporos de bolor e alergénios, que podem exacerbar as doenças respiratórias e as alergias.

Controlo da humidade: O ar condicionado ajuda a regular os níveis de humidade interior, reduzindo o risco de crescimento de bolor e mofo. No entanto, o ar interior excessivamente seco pode causar irritação e desconforto respiratório, especialmente em indivíduos com problemas respiratórios pré-existentes.

Manutenção: A manutenção regular dos sistemas de ar condicionado, incluindo a limpeza de filtros e condutas, é crucial para manter uma boa qualidade do ar interior. Os sistemas negligenciados podem acumular pó, bolor e bactérias, que podem circular pelos espaços interiores e afetar negativamente a saúde dos ocupantes.

Saúde respiratória

O ar condicionado pode ter impactos positivos e negativos na saúde respiratória, dependendo de factores como a QAI, os níveis de humidade e a presença de alergénios.

Alergias e asma: Uma melhor QAI e sistemas de filtragem em unidades de ar condicionado podem ajudar a reduzir a exposição a alergénios como o pólen, ácaros e pêlos de animais, beneficiando indivíduos com alergias e asma.

Efeitos do ar seco: O ar seco no interior, um efeito secundário comum do ar condicionado em climas áridos ou durante os meses de inverno, pode exacerbar as doenças respiratórias, como a asma e a bronquite, levando a um aumento da tosse, irritação da garganta e desconforto.

Síndrome do Edifício Doente (SBS): A má QAI e a ventilação inadequada em edifícios com ar condicionado podem contribuir para a SBS, caracterizada por sintomas como dores de cabeça, fadiga, tonturas e irritação respiratória nos ocupantes.

Impactos psicológicos

Para além da saúde física, o ar condicionado pode influenciar o bem-estar psicológico e os níveis de conforto, especialmente em ambientes interiores.

Conforto e produtividade: As temperaturas interiores confortáveis proporcionadas pelo ar condicionado podem aumentar a produtividade nos locais de trabalho e melhorar a disposição geral e o bem-estar em casa.

Isolamento social: A dependência excessiva do ar condicionado pode desencorajar as actividades ao ar livre e as interacções sociais durante o tempo quente, contribuindo potencialmente para o isolamento social e para a redução dos níveis de atividade física.

Adaptação: A exposição prolongada a ambientes com ar condicionado pode levar a uma tolerância reduzida ao calor e ao desconforto em ambientes naturais ao ar livre, afectando a capacidade de adaptação dos indivíduos a climas variáveis.

Conclusão

Embora o ar condicionado ofereça benefícios inegáveis em termos de conforto e proteção da saúde, o seu impacto na qualidade do ar interior, na saúde respiratória e no bem-estar psicológico sublinha a necessidade de uma gestão cuidadosa e de uma reflexão sobre os seus efeitos. Ao compreender estas dinâmicas, os indivíduos e os gestores de edifícios podem adotar estratégias para otimizar os ambientes interiores, tanto para o conforto como para a saúde. Os capítulos seguintes abordarão as considerações económicas do ar condicionado, explorando os seus custos, as exigências em termos de infra-estruturas e as disparidades no acesso global às tecnologias de refrigeração.

Capítulo 5: Considerações económicas sobre o ar condicionado

O ar condicionado não é apenas uma comodidade tecnológica, mas também um fator económico significativo que influencia as famílias, as empresas e os mercados globais de energia. Este capítulo explora as implicações económicas do ar condicionado, incluindo os seus custos, as exigências em termos de infra-estruturas e as disparidades em termos de acesso e acessibilidade.

Custo do conforto

Os custos de instalação, manutenção e funcionamento associados ao ar condicionado podem ser substanciais, tanto para consumidores residenciais como comerciais.

Investimento inicial: O custo inicial da compra e instalação de sistemas de ar condicionado varia muito, dependendo de factores como o tipo de sistema (unidades de janela vs. HVAC centralizado), capacidade, classificações de eficiência energética e complexidade da instalação.

Custos operacionais: Os sistemas de ar condicionado consomem eletricidade, contribuindo para o aumento das contas de serviços públicos, especialmente durante as épocas de pico de arrefecimento. A eficiência energética do sistema e as tarifas locais de eletricidade têm um impacto significativo nos custos operacionais.

Manutenção: A manutenção regular, incluindo a limpeza dos filtros, a inspeção das condutas e a assistência periódica por profissionais, é essencial para garantir o desempenho ideal e a longevidade dos sistemas de ar condicionado. Negligenciar a manutenção pode levar a custos de reparação mais elevados e a uma redução da eficiência ao longo do tempo.

Desafios em matéria de infra-estruturas

A adoção generalizada do ar condicionado coloca desafios significativos ao desenvolvimento de infra-estruturas e aos sistemas de distribuição de energia.

Procura da rede eléctrica: O ar condicionado contribui para o pico da procura de eletricidade durante o tempo quente, sobrecarregando as redes eléctricas locais e regionais. Os serviços públicos devem investir em actualizações das infra-estruturas e em estratégias de gestão da carga para satisfazer o aumento da procura de arrefecimento sem comprometer a estabilidade da rede.

Fornecimento de energia: Para satisfazer as necessidades energéticas do ar condicionado é necessária uma capacidade de produção de eletricidade adequada. Em regiões onde o fornecimento de energia não é fiável ou é insuficiente, o acesso ao ar condicionado pode ser limitado, afectando a produtividade económica e a qualidade de vida.

Conceção e eficiência dos edifícios: A conceção e a construção de edifícios energeticamente eficientes podem atenuar o impacto do ar condicionado na procura de infra-estruturas, reduzindo as necessidades globais de arrefecimento e os picos de procura de eletricidade.

Disparidades económicas globais

O acesso ao ar condicionado varia significativamente consoante as regiões e os grupos socioeconómicos, contribuindo para as disparidades económicas à escala mundial.

Países desenvolvidos vs. países em desenvolvimento: Nos países desenvolvidos, o ar condicionado está generalizado e é considerado essencial para o conforto e a produtividade. Em contraste, muitos países em desenvolvimento debatem-se com o acesso limitado a eletricidade fiável e a tecnologias de refrigeração acessíveis, especialmente nas zonas rurais e urbanas com baixos rendimentos.

Impacto económico e na saúde: A falta de acesso a ar condicionado em climas quentes pode ter profundas consequências económicas e para a saúde. As doenças relacionadas com o calor, a redução da produtividade laboral e o aumento das taxas de mortalidade durante as vagas de calor realçam a necessidade urgente de um acesso equitativo a soluções de arrefecimento.

Acessibilidade: Os custos iniciais e as despesas operacionais associadas aos sistemas de ar condicionado podem ser proibitivos para as famílias com baixos rendimentos e para as pequenas empresas, tanto nos países desenvolvidos como nos países em desenvolvimento. As políticas e iniciativas que promovem a eficiência energética e soluções de arrefecimento acessíveis são essenciais para resolver estas disparidades.

Conclusão

Como o ar condicionado continua a desempenhar um papel crucial na sociedade moderna, a compreensão das suas dimensões económicas é vital para os decisores políticos, as empresas e os indivíduos. Equilibrar os benefícios económicos do conforto e da produtividade com os custos do desenvolvimento de infra-estruturas, o consumo de energia e as disparidades globais no acesso às tecnologias de refrigeração continua a ser um desafio premente. Os capítulos seguintes irão explorar alternativas sustentáveis ao ar condicionado tradicional, incluindo métodos de arrefecimento passivos, tecnologias energeticamente eficientes e iniciativas políticas destinadas a promover uma utilização responsável e a reduzir o impacto ambiental.

Capítulo 6: Alternativas sustentáveis ao ar condicionado

Em resposta aos desafios ambientais e económicos colocados pelo ar condicionado convencional, surgiram abordagens inovadoras e alternativas sustentáveis. Este capítulo explora várias estratégias e tecnologias destinadas a reduzir a pegada ambiental da refrigeração, promovendo simultaneamente a eficiência energética e o conforto.

Métodos de arrefecimento passivo

As técnicas de arrefecimento passivo utilizam elementos naturais e princípios de conceção arquitetónica para manter temperaturas interiores confortáveis sem depender de sistemas mecânicos.

Ventilação natural: A conceção de edifícios com vias de ventilação cruzada, janelas operáveis e colocação estratégica de aberturas para incentivar o fluxo de ar pode reduzir a necessidade de arrefecimento mecânico.

Sombreamento e isolamento: A utilização de dispositivos de sombreamento, tais como toldos, saliências e estores exteriores, juntamente com o isolamento adequado das paredes e dos telhados, ajuda a minimizar o ganho e a perda de calor, melhorando o conforto interior.

Massa térmica: A incorporação de materiais com elevada massa térmica, como o betão e o adobe, ajuda a estabilizar as temperaturas interiores, absorvendo e libertando lentamente o calor.

Tecnologias eficientes do ponto de vista energético

Os avanços tecnológicos conduziram a sistemas de ar condicionado e soluções de refrigeração mais eficientes do ponto de vista energético, reduzindo o consumo de energia e o impacto ambiental.

Condicionadores de ar de alta eficiência: As unidades de ar condicionado modernas com classificações SEER (Rácio de Eficiência Energética Sazonal) elevadas e compressores de velocidade variável optimizam a utilização de energia, mantendo os níveis de conforto.

Bombas de calor: Os sistemas de bombas de calor fornecem aquecimento e arrefecimento através da transferência de calor entre ambientes interiores e exteriores, oferecendo poupanças de energia significativas em comparação com os sistemas AVAC tradicionais.

Arrefecimento urbano: Os sistemas de arrefecimento distrital centralizam a produção e distribuição de arrefecimento para vários edifícios, optimizando a utilização de energia e reduzindo as emissões globais de carbono.

Integração das energias renováveis

A combinação de sistemas de ar condicionado com fontes de energia renováveis, como a energia solar fotovoltaica (PV), turbinas eólicas e bombas de calor geotérmicas, reduz a dependência de combustíveis fósseis e diminui as emissões de gases com efeito de estufa.

Arrefecimento solar: Os sistemas de ar condicionado alimentados por energia solar utilizam a energia solar para acionar os processos de arrefecimento, reduzindo os custos de funcionamento e o impacto ambiental.

Arrefecimento geotérmico: As bombas de calor geotérmicas aproveitam a temperatura estável da terra abaixo do solo para fornecer aquecimento e arrefecimento eficientes, oferecendo poupanças de energia a longo prazo e um impacto ambiental mínimo.

Mudanças de comportamento e estratégias de adaptação

A promoção de práticas de refrigeração sustentáveis através de mudanças de comportamento e de estratégias adaptativas pode reduzir ainda mais o consumo de energia e o impacto ambiental.

Gestão do termóstato: Definir os termóstatos para temperaturas mais elevadas durante as estações de arrefecimento e utilizar termóstatos programáveis ou inteligentes para otimizar a utilização de energia com base na ocupação e nas preferências de conforto.

Consciencialização dos ocupantes: A educação dos ocupantes do edifício sobre práticas de poupança de energia, tais como fechar as persianas durante as horas de maior intensidade solar e minimizar as actividades geradoras de calor, aumenta a eficiência energética global.

Conceção e readaptação de edifícios: A reabilitação de edifícios existentes com melhorias de eficiência energética, como materiais de cobertura reflectores e janelas energeticamente eficientes, melhora o conforto térmico e reduz as necessidades de arrefecimento.

Iniciativas políticas e incentivos

As políticas, regulamentos e incentivos governamentais desempenham um papel crucial na promoção da adoção de tecnologias e práticas de arrefecimento sustentáveis.

Normas de eficiência energética: O estabelecimento de normas mínimas de desempenho energético para aparelhos de ar condicionado e electrodomésticos incentiva os fabricantes a produzirem produtos mais eficientes.

Incentivos financeiros: A concessão de incentivos financeiros, créditos fiscais e descontos para projectos de edifícios energeticamente eficientes, instalações de energias renováveis e tecnologias de refrigeração sustentáveis encoraja o investimento em práticas de construção ecológicas.

Códigos e regulamentos de construção: A aplicação de códigos de construção que dão prioridade à eficiência energética, às estratégias de conceção passiva e às soluções de arrefecimento sustentáveis garante que as novas construções e renovações cumprem as normas ambientais.

Conclusão

A mudança para alternativas de arrefecimento sustentáveis representa uma oportunidade fundamental para atenuar o impacto ambiental do ar condicionado, melhorando simultaneamente a eficiência energética e o conforto. Ao adoptarem métodos de arrefecimento passivos, tecnologias energeticamente eficientes, integrando fontes de energia renováveis, promovendo mudanças de comportamento e implementando políticas de apoio, as partes interessadas podem contribuir para um futuro mais sustentável. Os capítulos seguintes explorarão os quadros políticos e regulamentares destinados a abordar as preocupações ambientais associadas ao ar condicionado, bem como as inovações na tecnologia de arrefecimento e as perspectivas futuras para soluções de arrefecimento sustentáveis.

Capítulo 7: Política e regulamentação para um arrefecimento sustentável

Políticas e enquadramentos regulamentares eficazes são essenciais para promover práticas de refrigeração sustentáveis, reduzir o consumo de energia e mitigar o impacto ambiental do ar condicionado. Este capítulo examina várias políticas, regulamentações e iniciativas internacionais destinadas a promover soluções de refrigeração sustentáveis.

Iniciativas e regulamentos governamentais

Os governos de todo o mundo desempenham um papel crucial na definição de políticas e regulamentos que regem a utilização do ar condicionado e promovem a eficiência energética.

Normas de eficiência energética: O estabelecimento e a aplicação de normas mínimas de desempenho energético (MEPS) para aparelhos de ar condicionado incentiva os fabricantes a produzirem modelos mais eficientes do ponto de vista energético. As MEPS garantem que os produtos que entram no mercado cumprem os critérios de eficiência especificados, reduzindo o consumo de energia e as emissões de gases com efeito de estufa.

Códigos de construção: A incorporação de requisitos de eficiência energética nos códigos de construção incentiva a adoção de tecnologias e projectos de construção sustentáveis. Os códigos podem exigir normas de isolamento, requisitos de envidraçamento de janelas e classificações de eficiência do sistema AVAC para otimizar o desempenho do edifício e reduzir a procura de arrefecimento.

Gestão de refrigerantes: Os regulamentos sobre a utilização, manuseamento e eliminação de fluidos frigorigéneos visam minimizar o seu impacto ambiental. A eliminação progressiva das substâncias que empobrecem o ozono e dos fluidos frigorigéneos com elevado potencial de aquecimento global, como os hidrofluorocarbonetos (HFC), em favor de alternativas mais ecológicas, promove tecnologias de refrigeração amigas do ambiente.

Acordos e iniciativas internacionais

A cooperação e os acordos globais abordam o impacto ambiental das tecnologias de refrigeração e promovem práticas sustentáveis a uma escala mais alargada.

Protocolo de Montreal: O Protocolo de Montreal relativo às substâncias que empobrecem a camada de ozono tem sido fundamental para a eliminação progressiva das substâncias que empobrecem a camada de ozono, incluindo os clorofluorocarbonos (CFC) e os hidroclorofluorocarbonos (HCFC), utilizados na refrigeração e no ar condicionado. As alterações ao protocolo continuam a abordar a eliminação progressiva dos HFC e a promover a adoção de alternativas respeitadoras do clima.

Emenda de Kigali: A Emenda de Kigali ao Protocolo de Montreal centra-se especificamente na eliminação progressiva dos HFC, que têm um elevado potencial de aquecimento global, e na aceleração da transição para fluidos frigorigéneos e tecnologias mais sustentáveis.

Acordo de Paris: O Acordo de Paris no âmbito da Convenção-Quadro das Nações Unidas sobre Alterações Climáticas (CQNUAC) tem como objetivo limitar o aumento da temperatura global e reduzir as emissões de gases com efeito de estufa. Os esforços para melhorar a eficiência energética dos edifícios e promover tecnologias de refrigeração sustentáveis estão em consonância com os objectivos do acordo de atenuar os impactos das alterações climáticas.

Incentivos financeiros e programas de apoio

Incentivos financeiros, subsídios e programas de apoio encorajam investimentos em tecnologias de refrigeração energeticamente eficientes e práticas de construção sustentáveis.

Incentivos e descontos fiscais: Os governos podem oferecer créditos fiscais, descontos ou incentivos financeiros a empresas e proprietários de casas que adoptem sistemas de ar condicionado energeticamente eficientes, instalações de energias renováveis ou reabilitações de edifícios sustentáveis.

Fundos de Eficiência Energética: Fundos dedicados e mecanismos de financiamento apoiam projectos de eficiência energética, incluindo a implementação de soluções de refrigeração energeticamente eficientes nos sectores residencial, comercial e industrial.

Capacitação e assistência técnica: Os governos e as organizações internacionais fornecem capacitação, assistência técnica e programas de formação para apoiar os decisores políticos, as partes interessadas da indústria e os profissionais da construção na adoção das melhores práticas para a refrigeração sustentável.

Desafios e oportunidades

Apesar dos progressos registados nos quadros políticos e regulamentares para a refrigeração sustentável, continuam a existir desafios para conseguir uma adoção e implementação generalizadas.

Barreiras tecnológicas: Os elevados custos iniciais, a disponibilidade limitada de fluidos refrigerantes respeitadores do clima e os obstáculos tecnológicos às soluções de refrigeração energeticamente eficientes podem dificultar a sua adoção, em especial nos países em desenvolvimento.

Monitorização e aplicação da lei: Garantir o cumprimento das normas de eficiência energética, dos regulamentos de gestão de refrigerantes e dos códigos de construção requer uma monitorização robusta, mecanismos de aplicação e envolvimento das partes interessadas.

Acesso equitativo: A resolução das disparidades no acesso a tecnologias de arrefecimento sustentáveis e a garantia de acessibilidade económica para as populações com baixos rendimentos são considerações fundamentais para um desenvolvimento inclusivo e sustentável.

Conclusão

A política e a regulamentação são ferramentas poderosas para impulsionar a transição para tecnologias e práticas de refrigeração sustentáveis. Ao estabelecer normas claras de eficiência energética, promover refrigerantes amigos do ambiente, fomentar a cooperação internacional e fornecer incentivos financeiros, os governos podem incentivar investimentos em soluções de refrigeração energeticamente eficientes e atenuar o impacto ambiental do ar condicionado. Os próximos capítulos irão explorar as inovações tecnológicas na tecnologia de arrefecimento e as perspectivas futuras para soluções de arrefecimento sustentáveis, destacando os esforços em curso para abordar as preocupações ambientais e promover o desenvolvimento sustentável a nível global.

Capítulo 8: Inovações tecnológicas na tecnologia de arrefecimento

Os avanços tecnológicos continuam a impulsionar a inovação na tecnologia de arrefecimento, oferecendo soluções promissoras para melhorar a eficiência energética, reduzir o impacto ambiental e satisfazer a procura crescente de soluções de arrefecimento sustentáveis. Este capítulo explora as inovações de ponta e as tendências emergentes no domínio da tecnologia de refrigeração.

1. Sistemas AVAC avançados

Os sistemas modernos de Aquecimento, Ventilação e Ar Condicionado (AVAC) estão a evoluir para incorporar tecnologias avançadas que melhoram a eficiência e o desempenho, reduzindo simultaneamente o impacto ambiental.

- **Compressores de velocidade variável**: Os sistemas AVAC equipados com compressores de velocidade variável ajustam a capacidade de arrefecimento com base na procura em tempo real, optimizando a utilização de energia e mantendo níveis precisos de conforto interior.
- **Controlos inteligentes e integração da IoT**: A integração de controlos inteligentes, a tecnologia da Internet das Coisas (IoT) e os algoritmos preditivos permitem a monitorização remota, a gestão automatizada da energia e o controlo climático adaptativo com base na ocupação e nas condições externas.
- **Ventilação com recuperação de energia (ERV)**: Os sistemas ERV recuperam e trocam energia entre os fluxos de ar que entram e saem, melhorando a eficiência energética e mantendo a qualidade do ar interior.

2. Refrigerantes sustentáveis

O desenvolvimento e a adoção de fluidos frigorigéneos respeitadores do clima são cruciais para reduzir as emissões de gases com efeito de estufa e atenuar o impacto ambiental das tecnologias de refrigeração.

- **Refrigerantes de hidrocarbonetos**: Os hidrocarbonetos como o propano (R-290) e o isobutano (R-600a) têm um baixo potencial de aquecimento global (GWP) e são cada vez mais utilizados como alternativas aos refrigerantes sintéticos de elevado GWP.

- **Refrigerantes naturais**: Os refrigerantes naturais, como o dióxido de carbono (R-744), o amoníaco (R-717) e a água (R-718), oferecem excelentes propriedades termodinâmicas e um impacto ambiental insignificante, o que os torna a escolha ideal para aplicações de refrigeração sustentáveis.
- **Refrigerantes da próxima geração**: Os esforços de investigação e desenvolvimento centram-se nos refrigerantes da próxima geração com um PAG ultra-baixo, maior eficiência e compatibilidade com os sistemas AVAC existentes, impulsionando a inovação na indústria da refrigeração.

3. Sistemas de arrefecimento alimentados por energia solar

O aproveitamento da energia solar para alimentar sistemas de refrigeração representa uma abordagem sustentável para reduzir a dependência da eletricidade da rede e minimizar as emissões de carbono.

- **Ar condicionado solar**: Os sistemas de ar condicionado alimentados por energia solar utilizam painéis fotovoltaicos (PV) para converter a luz solar em eletricidade, que alimenta as unidades de compressão e faz circular os refrigerantes para arrefecimento.
- **Arrefecimento solar térmico**: Os colectores solares térmicos geram energia térmica utilizada em sistemas de refrigeração por absorção ou dessecante, fornecendo soluções de refrigeração baseadas em energias renováveis para aplicações residenciais, comerciais e industriais.

4. Técnicas de arrefecimento passivo

Os métodos de arrefecimento passivo aproveitam os princípios naturais de transferência de calor e ventilação para manter temperaturas interiores confortáveis sem sistemas mecânicos activos.

- **Ventilação natural**: Os projectos arquitectónicos que incorporam ventilação cruzada, janelas de abrir e chaminés térmicas promovem o fluxo de ar e o arrefecimento natural no interior dos edifícios.

- **Telhados frios e massa térmica**: As tecnologias de telhados frios, os revestimentos reflectores e os materiais de massa térmica (por exemplo, betão, adobe) minimizam a absorção de calor e reduzem as necessidades de arrefecimento dos edifícios.

5. Conceção de edifícios energeticamente eficientes

A integração de princípios de conceção de edifícios energeticamente eficientes e de tecnologias de construção ecológica melhora o desempenho global dos edifícios e reduz as necessidades de arrefecimento.

- **Isolamento e vedação de ar**: O isolamento eficaz, a vedação do ar e a conceção da envolvente do edifício evitam a transferência de calor e minimizam as perdas de energia, optimizando o conforto interior e reduzindo a carga de trabalho do AVAC.
- **Janelas de alto desempenho**: As janelas energeticamente eficientes com revestimentos de baixa emissividade e caixilhos isolados melhoram o isolamento térmico, reduzem o ganho de calor solar e aumentam o conforto dos ocupantes.

6. Sistemas de arrefecimento urbano

As redes de arrefecimento urbano centralizam a produção e distribuição de arrefecimento para vários edifícios, optimizando a utilização de energia e reduzindo o impacto ambiental.

- **Centrais de arrefecimento centralizadas**: As centrais de arrefecimento urbano utilizam chillers de elevada eficiência e sistemas de armazenamento térmico para fornecer água refrigerada ou ar frio aos edifícios ligados através de condutas subterrâneas.
- **Benefícios da eficiência energética**: Ao reduzir o equipamento de refrigeração redundante e otimizar o consumo de energia, os sistemas de refrigeração urbana reduzem os custos operacionais para os proprietários dos edifícios e promovem um desenvolvimento urbano sustentável.

Conclusão

As inovações tecnológicas na tecnologia de arrefecimento são fundamentais para o avanço dos objectivos de desenvolvimento sustentável, reduzindo as emissões de gases com efeito de estufa e melhorando a eficiência energética nos sectores residencial, comercial e industrial. Ao adoptarem sistemas AVAC avançados, ao adoptarem refrigerantes sustentáveis, ao aproveitarem a energia solar, ao promoverem técnicas de arrefecimento passivo, ao integrarem uma conceção de edifícios energeticamente eficiente e ao expandirem as infra-estruturas de arrefecimento urbano, as partes interessadas podem contribuir para um futuro mais sustentável. Os próximos capítulos irão explorar as tendências futuras da tecnologia de arrefecimento, os potenciais desafios e as oportunidades para aumentar as soluções de arrefecimento sustentável a nível global, destacando a investigação em curso, os projectos-piloto e as colaborações industriais que impulsionam a inovação neste domínio.

Capítulo 9: Tendências futuras da refrigeração sustentável

À medida que a procura de refrigeração continua a aumentar globalmente, impulsionada pela urbanização, crescimento económico e alterações climáticas, o foco em soluções de refrigeração sustentáveis torna-se cada vez mais crítico. Este capítulo explora as tendências emergentes, as inovações e as perspectivas futuras da tecnologia e das práticas de arrefecimento sustentável.

1. Integração da Inteligência Artificial (IA) e da Aprendizagem Automática

A IA e a aprendizagem automática estão a revolucionar a eficiência e o desempenho dos sistemas de refrigeração, permitindo análises preditivas, controlo autónomo e respostas adaptativas a condições ambientais dinâmicas.

- **Manutenção preditiva**: Os algoritmos de IA analisam os dados operacionais do equipamento de refrigeração para prever potenciais falhas, programar a manutenção de forma proactiva e otimizar o desempenho do sistema.
- **Gestão optimizada da energia**: Os algoritmos de aprendizagem automática optimizam o consumo de energia, aprendendo com dados históricos, padrões de ocupação e previsões meteorológicas para ajustar as definições de arrefecimento em tempo real para obter a máxima eficiência.
- **Controlo de conforto adaptável**: Os sistemas orientados por IA podem personalizar as definições de conforto interior com base nas preferências individuais, ocupação e factores ambientais, aumentando a satisfação do utilizador e minimizando o consumo de energia.

2. Certificação e normas de construção ecológica

A adoção de certificações de edifícios ecológicos e de normas de sustentabilidade rigorosas impulsiona a implementação de tecnologias e práticas de arrefecimento energeticamente eficientes em novas construções e reabilitações.

- **LEED (Liderança em Energia e Design Ambiental)**: A certificação LEED promove a integração de práticas de construção sustentáveis, incluindo sistemas AVAC energeticamente eficientes, utilização de energias renováveis e melhorias na qualidade do ambiente interior.
- **BREEAM (Building Research Establishment Environmental Assessment Method)**: As normas BREEAM avaliam o desempenho da sustentabilidade dos edifícios, incentivando a utilização de tecnologias com baixo teor de carbono, soluções de refrigeração eficientes e projectos de construção inovadores.
- **Edifícios de energia zero**: O conceito de edifícios de energia zero visa alcançar um equilíbrio entre o consumo de energia e a produção de energia renovável, incluindo estratégias de refrigeração eficientes como componentes integrais de projectos de edifícios sustentáveis.

3. Avanços na integração das energias renováveis

A sinergia entre as tecnologias de refrigeração e as fontes de energia renováveis continua a expandir-se, reduzindo a dependência dos combustíveis fósseis e diminuindo as emissões de carbono associadas às operações de refrigeração.

- **Sistemas de arrefecimento solar**: As tecnologias melhoradas de colectores solares térmicos e fotovoltaicos (PV) permitem uma conversão mais eficiente da luz solar em energia de arrefecimento, apoiando a adoção generalizada de sistemas de arrefecimento alimentados por energia solar.
- **Bombas de calor geotérmicas**: Os avanços na tecnologia das bombas de calor geotérmicas aproveitam as temperaturas estáveis do solo para um aquecimento e arrefecimento eficientes, oferecendo soluções escaláveis para aplicações residenciais, comerciais e industriais.
- **Arrefecimento com energia eólica**: A integração de turbinas eólicas e de sistemas de armazenamento de energia eólica com infra-estruturas de refrigeração proporciona soluções de energia renovável para ambientes remotos e urbanos, diversificando as opções de refrigeração sustentável.

4. Eletrificação dos sistemas de refrigeração

A eletrificação dos sistemas de refrigeração, associada aos esforços de descarbonização na produção de eletricidade, promove a transição para tecnologias de refrigeração mais limpas e mais eficientes.

- **Bombas de calor electrificadas**: Os sistemas de bombas de calor de alta eficiência para aquecimento e arrefecimento utilizam a eletricidade para transferir calor entre ambientes interiores e exteriores, oferecendo soluções escaláveis para os sectores residencial e comercial.
- **Integração na rede**: As tecnologias de rede inteligente e os programas de resposta à procura optimizam a utilização de energias renováveis para aplicações de arrefecimento, equilibrando a oferta e a procura de eletricidade e reduzindo as pegadas de carbono.
- **Soluções de armazenamento de energia**: Os avanços nas tecnologias de armazenamento de energia, como o armazenamento em baterias e os sistemas de armazenamento de energia térmica, apoiam a integração de fontes de energia renováveis intermitentes na infraestrutura de arrefecimento, garantindo um funcionamento fiável e sustentável.

5. Planeamento urbano e desenvolvimento urbano sustentável

As estratégias de planeamento urbano dão prioridade a soluções de arrefecimento sustentáveis, infra-estruturas resilientes e princípios de conceção sensíveis ao clima para atenuar as ilhas de calor urbanas e melhorar a habitabilidade urbana.

- **Infra-estruturas verdes**: Os espaços verdes urbanos, os telhados verdes e as superfícies permeáveis atenuam os efeitos da ilha de calor, melhoram a qualidade do ar e reforçam os microclimas urbanos, reduzindo a procura de arrefecimento e promovendo a saúde e o bem-estar da comunidade.
- **Conceção sensível ao clima**: As técnicas de conceção passiva, incluindo a ventilação natural, os dispositivos de sombreamento e a orientação do edifício, optimizam o desempenho do edifício em resposta às condições climáticas locais, minimizando a dependência do arrefecimento mecânico.

- **Iniciativas de cidades inteligentes**: As iniciativas de cidades inteligentes integram sensores IoT, análise de dados e sistemas de monitorização em tempo real para otimizar a utilização de energia, melhorar a resiliência urbana aos impactos das alterações climáticas e aumentar a eficiência da infraestrutura de arrefecimento.

Conclusão

O futuro da refrigeração sustentável reside na inovação, na integração de tecnologias avançadas e nos esforços de colaboração entre sectores para enfrentar os desafios globais relacionados com as alterações climáticas, o consumo de energia e a urbanização. Ao adotar melhorias de eficiência impulsionadas pela IA, adoptando normas rigorosas de construção ecológica, promovendo a integração de energias renováveis, promovendo a eletrificação dos sistemas de refrigeração e dando prioridade a um planeamento urbano sensível ao clima, as partes interessadas podem acelerar a transição para soluções de refrigeração sustentáveis. Os próximos capítulos irão explorar estudos de caso, projectos-piloto e colaborações da indústria que impulsionam a adoção de tecnologias de arrefecimento sustentável em todo o mundo, destacando as melhores práticas, as lições aprendidas e os caminhos para aumentar a implementação para atingir as metas climáticas e os objectivos de desenvolvimento sustentável.

Capítulo 10: Aumentar a escala das soluções de refrigeração sustentáveis

A expansão das soluções de arrefecimento sustentável é essencial para satisfazer a crescente procura de arrefecimento de conforto, ao mesmo tempo que se abordam as preocupações ambientais e se avançam os objectivos globais de sustentabilidade. Este capítulo examina as estratégias, os desafios e as oportunidades para aumentar as tecnologias e práticas de arrefecimento sustentável em diferentes sectores e regiões geográficas.

1. Quadros políticos para o aumento da escala

A existência de quadros políticos eficazes é crucial para facilitar a adoção e a implantação generalizadas de tecnologias de arrefecimento sustentáveis.

- **Planos nacionais de refrigeração**: Desenvolver planos nacionais de refrigeração que integrem objectivos de eficiência energética, estratégias de implantação de energias renováveis e medidas regulamentares para promover práticas de refrigeração sustentáveis.
- **Programas de incentivo**: Implementação de incentivos financeiros, créditos fiscais, subsídios e programas de subvenções para encorajar investimentos em sistemas de refrigeração energeticamente eficientes, integração de energias renováveis e certificações de edifícios ecológicos.
- **Normas regulamentares**: Reforçar as normas de eficiência energética, os regulamentos de gestão de refrigerantes e os códigos de construção para obrigar à adoção de tecnologias de arrefecimento sustentáveis em novas construções e reabilitações.

2. Inovação tecnológica e investigação

A investigação e a inovação contínuas impulsionam os avanços nas tecnologias de refrigeração sustentáveis, melhorando a eficiência, a fiabilidade e a acessibilidade.

- **Financiamento da investigação**: Atribuição de recursos para iniciativas de investigação e desenvolvimento centradas em refrigerantes da próxima geração, sistemas AVAC avançados, integração de energias renováveis e tecnologias de refrigeração inteligentes.

- **Parcerias de colaboração**: Promover a colaboração entre governos, universidades, instituições de investigação e entidades do sector privado para acelerar a inovação tecnológica, partilhar conhecimentos e testar soluções inovadoras.
- **Projectos de demonstração**: Implementação de projectos de demonstração e iniciativas-piloto para demonstrar a viabilidade e os benefícios das tecnologias de arrefecimento sustentáveis em diversas condições climáticas e tipos de edifícios.

3. Sensibilização do público e reforço das capacidades

A sensibilização e o reforço das capacidades das partes interessadas desempenham um papel fundamental na promoção da aceitação e adoção de práticas de refrigeração sustentáveis.

- **Educação e formação**: Proporcionar programas de formação, workshops e cursos de certificação para profissionais de AVAC, gestores de edifícios, arquitectos e decisores políticos sobre tecnologias de refrigeração energeticamente eficientes e melhores práticas.
- **Envolvimento do consumidor**: Educar os consumidores sobre os benefícios da refrigeração sustentável, dicas de poupança de energia e incentivos financeiros disponíveis para encorajar a tomada de decisões informadas e a mudança de comportamento.
- **Campanhas de sensibilização do público**: Lançamento de campanhas de sensibilização do público, seminários e eventos comunitários para aumentar a consciencialização sobre os impactos das alterações climáticas, as ilhas de calor urbanas e o papel da refrigeração sustentável na mitigação dos riscos ambientais.

4. Mecanismos de financiamento e investimento

O acesso a mecanismos de financiamento e a oportunidades de

investimento é fundamental para aumentar a implantação de soluções de arrefecimento sustentáveis.

- **Financiamento verde**: Facilitar o acesso a obrigações verdes, fundos climáticos e instrumentos de financiamento específicos para a reabilitação de edifícios energeticamente eficientes, projectos de energias renováveis e infra-estruturas de arrefecimento urbano.
- **Parcerias Público-Privadas (PPP)**: Incentivar as PPP a tirar partido da experiência do sector privado, do investimento de capital e da inovação no desenvolvimento de soluções tecnológicas e de infra-estruturas de refrigeração sustentáveis.
- **Apoio internacional**: Mobilizar instituições financeiras internacionais, bancos de desenvolvimento e agências doadoras para fornecer assistência técnica, subsídios e empréstimos concessionais para projectos de arrefecimento sustentável nos países em desenvolvimento.

5. Colaboração regional e global

A promoção da colaboração regional e global fomenta o intercâmbio de conhecimentos, o alinhamento das políticas e a ação colectiva para enfrentar os desafios comuns no domínio do arrefecimento sustentável.

- **Cooperação regional**: Estabelecimento de plataformas, redes e alianças regionais para facilitar a partilha de informações, a criação de capacidades e iniciativas conjuntas sobre a implantação de tecnologias de arrefecimento sustentável e a harmonização de políticas.
- **Acordos internacionais**: Reforçar os compromissos assumidos no âmbito de acordos internacionais, como o Protocolo de Montreal e o Acordo de Paris, para reduzir gradualmente os fluidos refrigerantes com elevado PAG, promover a eficiência energética e apoiar os esforços globais no sentido de uma refrigeração sustentável.
- **Partilha de conhecimentos**: Incentivar o intercâmbio de melhores práticas, lições aprendidas e histórias de sucesso entre países, cidades e partes interessadas para acelerar a transição para soluções de refrigeração sustentáveis em todo o mundo.

Conclusão

A expansão das soluções de arrefecimento sustentável exige esforços concertados dos decisores políticos, líderes da indústria, financiadores e comunidades para ultrapassar as barreiras tecnológicas, financeiras e regulamentares. Ao alavancar quadros políticos eficazes, promover a inovação tecnológica, sensibilizar o público, assegurar o financiamento e promover a colaboração regional e global, as partes interessadas podem acelerar a implementação de tecnologias de arrefecimento sustentável e contribuir para um futuro mais resiliente e com baixas emissões de carbono. Os próximos capítulos irão explorar estudos de caso, histórias de sucesso e tendências emergentes na implementação do arrefecimento sustentável, destacando caminhos para alcançar a resiliência climática, a gestão ambiental e o desenvolvimento inclusivo através de soluções de arrefecimento sustentável.

Capítulo 11: Estudos de caso e histórias de sucesso na implementação da refrigeração sustentável

A análise de estudos de caso e histórias de sucesso fornece informações valiosas sobre aplicações reais de tecnologias e práticas de arrefecimento sustentável em diferentes sectores e regiões geográficas. Este capítulo explora projectos exemplares, iniciativas e melhores práticas que demonstram a viabilidade, os benefícios e os desafios da implementação de soluções de arrefecimento sustentável.

1. Ar condicionado movido a energia solar na Índia

Visão geral do estudo de caso: A Iniciativa de Arrefecimento Solar na Índia promove a adoção de sistemas de ar condicionado alimentados a energia solar para enfrentar os desafios do acesso à energia e atenuar o impacto climático.

Detalhes do projeto:

- **Localização**: Vários estados da Índia, incluindo Rajasthan, Gujarat e Maharashtra.
- **Tecnologia**: Os painéis solares fotovoltaicos (PV) geram eletricidade para alimentar as unidades de ar condicionado.
- **Benefícios**: Reduz a procura de eletricidade da rede, reduz os custos operacionais para os utilizadores e diminui as emissões de gases com efeito de estufa.
- **Desafios**: Custos de investimento inicial, variabilidade da radiação solar e garantia de manutenção e apoio técnico em zonas remotas.

Impacto: Melhoria do acesso à refrigeração em zonas rurais e fora da rede, maior segurança energética e benefícios de desenvolvimento sustentável através da utilização de energias renováveis.

2. Arrefecimento urbano em Singapura

Visão geral do estudo de caso: O distrito de Marina Bay, em Singapura, utiliza um sistema de arrefecimento urbano centralizado para aumentar a eficiência energética e reduzir o impacto ambiental numa área urbana densamente povoada.

Detalhes do projeto:

- **Infra-estruturas**: As centrais de refrigeração centralizada produzem água refrigerada distribuída através de tubagens subterrâneas para edifícios comerciais, residenciais e institucionais.
- **Eficiência**: Os chillers de alta eficiência e o armazenamento de energia térmica optimizam a utilização de energia e a gestão dos picos de procura.
- **Benefícios ambientais**: Reduz as emissões de carbono, minimiza os efeitos da ilha de calor urbana e apoia os objectivos de desenvolvimento urbano sustentável.

Impacto: Poupanças significativas de energia, melhoria da qualidade do ar e melhoria da habitabilidade urbana através de infra-estruturas sensíveis ao clima e de soluções urbanas inteligentes.

3. Design Passivo e Construção Verde na Alemanha

Visão geral do estudo de caso: A norma Passive House e as práticas de construção ecológica na Alemanha dão ênfase ao design energeticamente eficiente e às estratégias de arrefecimento passivo para obter edifícios de baixo consumo energético.

Detalhes do projeto:

- **Princípios de conceção**: O super-isolamento, a construção hermética, as janelas de alto desempenho e a ventilação natural reduzem as necessidades de aquecimento e arrefecimento.
- **Tecnologias**: Os sistemas de ventilação com recuperação de calor e a proteção solar optimizam o conforto interior e a eficiência energética.
- **Vantagens**: Redução drástica do consumo de energia, dependência mínima do arrefecimento mecânico e maior conforto e saúde dos ocupantes.

Impacto: Abordagem pioneira à conceção de edifícios sustentáveis, estabelecendo padrões de referência para o desempenho energético e a gestão ambiental nos sectores residencial e comercial.

4. Sistemas de bombas de calor geotérmicas na Islândia

Visão geral do estudo de caso: A Islândia utiliza sistemas de bombas de calor geotérmicas para aplicações de aquecimento e arrefecimento, tirando partido dos abundantes recursos geotérmicos do país.

Detalhes do projeto:

- **Tecnologia**: As bombas de calor geotérmicas aproveitam a energia geotérmica dos reservatórios subterrâneos para um aquecimento e arrefecimento eficientes.
- **Aplicações**: Os sectores residencial, comercial e industrial beneficiam de uma climatização fiável e orientada para as energias renováveis.
- **Vantagens ambientais**: Baixa pegada de carbono, utilização de energias renováveis e resistência às flutuações dos preços da energia.

Impacto: Soluções energéticas sustentáveis, benefícios económicos do desenvolvimento da indústria geotérmica e exportação de conhecimentos especializados em tecnologia e aplicações geotérmicas.

5. Iniciativas de arrefecimento inteligente nos Emirados Árabes Unidos (EAU)

Visão geral do estudo de caso: Os EAU implementam iniciativas de arrefecimento inteligente para melhorar a eficiência energética, reduzir o consumo de água e otimizar os sistemas de arrefecimento em climas quentes do deserto.

Detalhes do projeto:

- **Tecnologia**: Os controlos AVAC avançados, os sensores IoT e a análise de dados permitem a monitorização em tempo real, a manutenção preditiva e as estratégias de arrefecimento adaptáveis.
- **Conservação da água**: Integração de torres de arrefecimento e tecnologias eficientes em termos de água para minimizar a utilização de água nos processos de arrefecimento.
- **Escalabilidade**: Aplicação nos sectores residencial, comercial e

industrial para atenuar o stress térmico e melhorar a sustentabilidade ambiental.

Impacto: Melhoria da eficiência energética, redução dos custos operacionais e resiliência aos impactes das alterações climáticas nas regiões áridas através de soluções inovadoras de cidades inteligentes.

Conclusão

Os estudos de caso e as histórias de sucesso destacam diversas abordagens e soluções inovadoras na implementação do arrefecimento sustentável, demonstrando a viabilidade, os benefícios e os desafios da adoção de tecnologias e práticas energeticamente eficientes. Ao aprender com estes exemplos, as partes interessadas podem replicar estratégias bem sucedidas, ultrapassar barreiras e acelerar a transição para soluções de arrefecimento sustentável a nível global. Os próximos capítulos irão explorar as tendências emergentes, as perspectivas futuras e as estratégias accionáveis para aumentar as iniciativas de arrefecimento sustentável, destacando os esforços de colaboração, os enquadramentos políticos e as inovações tecnológicas que impulsionam a gestão ambiental e a resiliência climática no sector do arrefecimento.

Capítulo 12: Desafios e obstáculos à expansão da refrigeração sustentável

A expansão das soluções de arrefecimento sustentável enfrenta vários desafios e barreiras que têm de ser ultrapassados para acelerar a sua adoção e implementação em todo o mundo. Este capítulo examina os principais desafios e obstáculos encontrados na expansão das tecnologias e práticas de arrefecimento sustentável em diferentes sectores e contextos geográficos.

1. Viabilidade económica e custos iniciais

Desafio: Um dos principais obstáculos à expansão das soluções de refrigeração sustentáveis é a perceção dos elevados custos iniciais e da viabilidade económica em comparação com os sistemas convencionais.

Barreiras:

- **Investimento inicial**: Os custos iniciais mais elevados dos sistemas AVAC energeticamente eficientes, da integração das energias renováveis e das adaptações dos edifícios verdes impedem a sua adoção, sobretudo nos países em desenvolvimento e nas comunidades com baixos rendimentos.
- **Retorno do investimento (ROI)**: Períodos de retorno mais longos e a perceção de riscos financeiros limitam o investimento do sector privado em projectos de arrefecimento sustentável, apesar das poupanças operacionais a longo prazo e dos benefícios ambientais.

Estratégias:

- **Incentivos financeiros**: Implementação de subsídios, subvenções, incentivos fiscais e empréstimos a juros baixos para compensar os custos iniciais e melhorar o retorno do investimento para proprietários de edifícios, promotores e investidores.
- **Estratégias de redução de custos**: Promoção de economias de escala, inovação tecnológica e práticas de aquisição competitivas para reduzir os custos de fabrico e instalação de tecnologias de arrefecimento sustentáveis.

2. Barreiras tecnológicas e complexidade

Desafio: As barreiras tecnológicas e a complexidade da integração e implantação de tecnologias de arrefecimento sustentáveis impedem a adoção generalizada e a escalabilidade.

Barreiras:

- **Prontidão tecnológica**: Disponibilidade limitada de tecnologias amadurecidas e comercialmente viáveis para a refrigeração baseada em energias renováveis, sistemas AVAC avançados e fluidos refrigerantes respeitadores do clima.
- **Questões de compatibilidade**: Os desafios de compatibilidade entre as infra-estruturas existentes nos edifícios, os sistemas AVAC e as novas tecnologias energeticamente eficientes representam riscos de integração e incertezas de desempenho.
- **Requisitos de competências**: Falta de mão de obra formada, de conhecimentos técnicos e de capacidade para conceber, instalar e manter sistemas de arrefecimento sustentáveis em condições geográficas e climáticas diversas.

Estratégias:

- **Investigação e desenvolvimento (I&D)**: Aumento do investimento em I&D para desenvolver tecnologias de arrefecimento sustentáveis, fiáveis e rentáveis, adaptadas às condições climáticas regionais e às necessidades do mercado.
- **Reforço de capacidades**: Programas de formação, cursos de certificação e plataformas de intercâmbio de conhecimentos para melhorar as competências dos profissionais de AVAC, engenheiros, arquitectos e decisores políticos em matéria de práticas de arrefecimento sustentáveis e implementação de tecnologias.
- **Normalização e certificação**: Estabelecimento de normas, sistemas de certificação e padrões de desempenho para tecnologias de refrigeração energeticamente eficientes, a fim de garantir a fiabilidade, a interoperabilidade e a confiança dos consumidores.

3. Quadros regulamentares e políticos

Desafio: Quadros regulamentares inconsistentes ou inadequados, incentivos políticos e mecanismos de aplicação para promover a refrigeração sustentável dificultam a adoção pelo mercado e a certeza do investimento.

Barreiras:

- **Fragmentação de políticas**: As variações nas normas de eficiência energética, nos códigos de construção e nos regulamentos de gestão de fluidos frigorigéneos entre jurisdições criam incerteza regulamentar e desafios de conformidade para os fabricantes e promotores.
- **Falta de planeamento a longo prazo**: Os ciclos políticos de curto prazo, a instabilidade política e os atrasos regulamentares na atualização e implementação de políticas favoráveis ao clima impedem a confiança do mercado e o investimento em soluções de refrigeração sustentáveis.
- **Lacunas na aplicação da lei**: O controlo inadequado, os mecanismos de aplicação e as sanções por incumprimento das normas de eficiência energética e da regulamentação ambiental comprometem a eficácia das intervenções políticas.

Estratégias:

- **Harmonização das normas**: Alinhar as normas de eficiência energética, os códigos de construção e os calendários de eliminação progressiva dos refrigerantes a nível regional e internacional para criar condições equitativas e facilitar o acesso ao mercado das tecnologias de refrigeração sustentáveis.
- **Estabilidade política**: Estabelecimento de quadros políticos a longo prazo, incentivos à inovação e condições de investimento previsíveis para atrair capital do sector privado e impulsionar a transformação do mercado no sentido de um arrefecimento sustentável.
- **Desenvolvimento de capacidades**: Reforçar a capacidade institucional, a supervisão regulamentar e o envolvimento das partes interessadas para garantir uma implementação, aplicação e monitorização eficazes das políticas e regulamentos de

arrefecimento sustentável.

4. Sensibilização e mudança de comportamento

Desafio: A sensibilização limitada, a educação dos consumidores e a mudança de comportamento em relação a práticas e tecnologias de refrigeração energeticamente eficientes impedem a procura e a adoção pelo mercado.

Barreiras:

- **Perceção do consumidor**: Falta de sensibilização para os benefícios das tecnologias de refrigeração sustentáveis, comportamentos de poupança de energia e incentivos financeiros entre proprietários, inquilinos e ocupantes de edifícios.
- **Inércia e resistência**: Resistência à mudança dos hábitos tradicionais de refrigeração, preferência pelo conforto em detrimento da eficiência energética e ideias erradas sobre o desempenho e a fiabilidade dos sistemas AVAC energeticamente eficientes.
- **Assimetria de informação**: Acesso insuficiente a informações fiáveis, estudos de casos e histórias de sucesso sobre soluções de refrigeração sustentáveis para consumidores, decisores e partes interessadas da indústria.

Estratégias:

- **Campanhas de sensibilização do público**: Lançamento de campanhas de sensibilização específicas, programas educativos e demonstrações para aumentar a consciencialização sobre os benefícios ambientais, de saúde e económicos da refrigeração sustentável.
- **Economia comportamental**: Aplicação de percepções comportamentais, nudges e incentivos para encorajar comportamentos de poupança de energia, adoção de termóstatos inteligentes e participação em programas de gestão da procura.
- **Envolvimento das partes interessadas**: Colaborar com associações industriais, organizações comunitárias e governos locais para capacitar os consumidores, promover as melhores práticas e

fomentar uma cultura de sustentabilidade nas práticas de refrigeração e na adoção de tecnologia.

5. Constrangimentos em termos de infra-estruturas e recursos

Desafio: As limitações das infra-estruturas, a escassez de água e as restrições de fiabilidade da rede colocam desafios à expansão de soluções de arrefecimento sustentáveis, particularmente em mercados emergentes e regiões remotas.

Barreiras:

- **Capacidade da rede eléctrica**: Infraestrutura eléctrica e capacidade de rede inadequadas para apoiar a integração de sistemas de arrefecimento alimentados por energias renováveis e redes de arrefecimento urbano.
- **Disponibilidade de água**: Escassez de água e preocupações ambientais relacionadas com o consumo de água das torres de refrigeração, descarga de águas residuais e tratamentos químicos em sistemas de refrigeração convencionais.
- **Pressões da urbanização**: A rápida urbanização, os assentamentos informais e o desenvolvimento não planeado exacerbam a procura de refrigeração, sobrecarregam as infra-estruturas e aumentam a vulnerabilidade aos riscos de saúde relacionados com o calor.

Estratégias:

- **Investimento em infra-estruturas**: Investir em infra-estruturas energéticas resilientes e expansíveis, redes inteligentes e soluções energéticas descentralizadas para apoiar a integração de energias renováveis e a implantação de refrigeração sustentável.
- **Eficiência hídrica**: Adoção de tecnologias de arrefecimento eficientes em termos de água, sistemas de circuito fechado e métodos de arrefecimento alternativos para reduzir o consumo de água, minimizar o impacto ambiental e melhorar a gestão dos recursos hídricos.
- **Planeamento Urbano Resiliente**: Integrar considerações de arrefecimento sustentável no planeamento urbano, regulamentos de zonamento e códigos de construção para atenuar as ilhas de calor

urbanas, melhorar os microclimas urbanos e aumentar a resiliência da comunidade aos impactos das alterações climáticas.

Conclusão

A resolução dos desafios e obstáculos à expansão das soluções de arrefecimento sustentável exige esforços de colaboração, estratégias inovadoras e acções coordenadas por parte dos decisores políticos, líderes da indústria, universidades e sociedade civil. Ultrapassando as preocupações com a viabilidade económica, promovendo a inovação tecnológica, reforçando os quadros regulamentares, promovendo a sensibilização e a mudança de comportamentos e resolvendo os constrangimentos das infra-estruturas, as partes interessadas podem acelerar a transição para práticas de arrefecimento sustentável a nível global. Os próximos capítulos irão explorar as tendências emergentes, as oportunidades futuras e as recomendações accionáveis para alcançar a resiliência climática, a gestão ambiental e o desenvolvimento inclusivo através de soluções de arrefecimento sustentáveis.

Capítulo 13: Oportunidades futuras e vias para um arrefecimento sustentável

Olhando para o futuro, o futuro da refrigeração sustentável apresenta inúmeras oportunidades de inovação, colaboração e mudança transformadora. Este capítulo explora as tendências emergentes, as oportunidades futuras e as vias de ação para fazer avançar as tecnologias e práticas de refrigeração sustentável a nível global.

1. Integração de tecnologias inteligentes

Tendências emergentes: A integração da Internet das Coisas (IoT), da inteligência artificial (IA) e da análise de dados está a revolucionar a eficiência e a eficácia dos sistemas de refrigeração.

- **Sistemas HVAC inteligentes**: Os sistemas AVAC orientados por IA optimizam a utilização de energia, adaptam-se a condições ambientais variáveis e melhoram o conforto do utilizador através de análises preditivas e monitorização em tempo real.
- **Automação de edifícios**: Os sensores e actuadores com IoT automatizam as operações de AVAC, ajustam as definições com base nos padrões de ocupação e permitem a monitorização e o controlo remotos para eficiência energética.
- **Gémeos digitais**: Os modelos virtuais de edifícios e sistemas de refrigeração simulam o desempenho, prevêem o consumo de energia e optimizam as estratégias operacionais para obter resultados sustentáveis.

Oportunidades: O recurso a tecnologias inteligentes pode melhorar a eficiência energética, reduzir os custos operacionais e aumentar o conforto dos ocupantes em edifícios residenciais, comerciais e industriais.

2. Abordagens da economia circular

Tendências emergentes: A adoção dos princípios da economia circular promove a eficiência dos recursos, a redução dos resíduos e a gestão sustentável do ciclo de vida das tecnologias de refrigeração.

- **Reciclagem e reutilização**: A reciclagem de componentes em fim de vida, a recuperação de refrigerantes e a reutilização de materiais de equipamento de refrigeração desativado minimizam o impacto ambiental e conservam os recursos.
- **Extensão da vida útil do produto**: Prolongar a vida útil dos sistemas AVAC através de manutenção, renovação e actualizações reduz os custos do ciclo de vida e aumenta a sustentabilidade.
- **Sistemas de ciclo fechado**: Os sistemas de arrefecimento em circuito fechado e os princípios de conceção "cradle-to-cradle" optimizam a utilização de recursos, minimizam a produção de resíduos e apoiam práticas de fabrico sustentáveis.

Oportunidades: A adoção de abordagens de economia circular pode criar novos modelos de negócio, reduzir a pegada ambiental e promover a inovação em tecnologias de refrigeração sustentáveis.

3. Soluções descentralizadas e fora da rede

Tendências emergentes: As soluções de arrefecimento descentralizadas e os sistemas fora da rede destinam-se a áreas remotas, bairros de lata urbanos e regiões com infra-estruturas de rede não fiáveis.

- **Arrefecimento alimentado por energia solar**: Os sistemas de ar condicionado solar e de arrefecimento térmico solar fora da rede fornecem soluções de arrefecimento fiáveis e sustentáveis em áreas com luz solar abundante.
- **Armazenamento de baterias**: A integração de sistemas de armazenamento de baterias aumenta a fiabilidade energética e permite operações de refrigeração 24 horas por dia, reduzindo a dependência da eletricidade da rede.
- **Microrredes**: As soluções de microrredes baseadas na comunidade apoiam a produção e distribuição descentralizada de energia, melhorando o acesso à energia e a resiliência em comunidades carentes.

Oportunidades: A expansão de soluções de arrefecimento descentralizadas e fora da rede pode colmatar as lacunas no acesso à energia, promover o desenvolvimento rural e criar resiliência climática em regiões vulneráveis.

4. Inovações em fluidos refrigerantes e fluidos de transferência de calor

Tendências emergentes: Os avanços nas tecnologias de refrigerantes e fluidos de transferência de calor centram-se na redução do potencial de aquecimento global (GWP) e na melhoria do desempenho termodinâmico.

- **Refrigerantes de baixo PAG**: A adoção de refrigerantes naturais (por exemplo, CO2, hidrocarbonetos) e de refrigerantes sintéticos da próxima geração (por exemplo, HFOs) minimiza o impacto ambiental e cumpre os requisitos regulamentares.
- **Materiais de mudança de fase (PCMs)**: Os PCMs para armazenamento de energia térmica melhoram a eficiência energética, regulam as temperaturas interiores e reduzem os picos de procura de arrefecimento nos edifícios.
- **Nanotecnologia**: A aplicação de nanofluidos e materiais avançados em fluidos de transferência de calor aumenta a eficiência da troca de calor, a condutividade térmica e o desempenho do sistema.

Oportunidades: As inovações nos fluidos refrigerantes e nos fluidos de transferência de calor podem acelerar a eliminação progressiva das substâncias com elevado PAG, melhorar a eficiência do sistema e promover práticas de refrigeração sustentáveis a nível mundial.

5. Planeamento urbano sensível ao clima

Tendências emergentes: As estratégias de planeamento urbano sensíveis ao clima integram considerações de arrefecimento sustentável para atenuar as ilhas de calor urbanas e aumentar a resiliência urbana.

- **Infra-estruturas verdes**: Os espaços verdes urbanos, os telhados verdes e os pavimentos frescos melhoram a qualidade do ar, reduzem as temperaturas à superfície e atenuam os efeitos das ilhas de calor.
- **Conceção passiva**: A orientação do edifício, os dispositivos de sombreamento, a ventilação natural e a massa térmica optimizam a eficiência energética e o conforto interior em resposta às condições climáticas locais.

- **Iniciativas "Cool and Smart Cities"**: As tecnologias de cidades inteligentes, a tomada de decisões baseada em dados e o planeamento urbano participativo promovem o desenvolvimento sustentável e a resiliência climática nas zonas urbanas.

Oportunidades: A integração de um planeamento urbano sensível ao clima pode melhorar a qualidade de vida, reduzir a procura de arrefecimento e promover o crescimento urbano sustentável em regiões de urbanização rápida.

Conclusão

O futuro da refrigeração sustentável apresenta uma oportunidade transformadora para enfrentar os desafios globais das alterações climáticas, da procura de energia e da urbanização, promovendo simultaneamente a gestão ambiental e a equidade social. Ao adotar tecnologias inteligentes, princípios de economia circular, soluções descentralizadas, fluidos frigorigéneos inovadores e planeamento urbano sensível ao clima, as partes interessadas podem desbloquear novos caminhos para aumentar as tecnologias e práticas de refrigeração sustentável. Os próximos capítulos irão explorar recomendações accionáveis, enquadramentos políticos e estratégias de colaboração para acelerar a transição para soluções de arrefecimento sustentáveis, enfatizando o desenvolvimento inclusivo, a construção de resiliência e a adaptação climática num mundo em rápida mudança.

Referências:

[1] Adamu, Z.A., Price, A.D.F., Cook, M.J. (2012). Avaliação do desempenho de estratégias de ventilação natural para enfermarias hospitalares - Um estudo de caso do Great Ormond Street Hospital. Build. Environ. 56, 211-222. https://doi.Org/10.1016/j.buildenv.2012.03.011

[2] Alajmi, A.F., Baddar, F.A., Bourisli, R.I. (2015). Avaliação do conforto térmico de um edifício de escritórios servido por sistema de distribuição de ar sob o piso (UFAD) - um estudo de caso. Build. Environ. 85, 153159. https://doi.Org/10.1016/j.buildenv.2014.11.027

[3] Norma ANSI/ASHRAE/ASHE 170-2008 (2013). Ventilation of Health Care Facilities (Ventilação de instalações de cuidados de saúde), American Society of Heating, Refrigerating and Air-Conditioning Engineers, Inc., Atlanta.

[4] ANSYS, Inc. (2009). Modeling Turbulence, em ANSYS FLUENT 12.0 User's Guide, ANSYS, Inc., Cecil Township, PA, Cap. 12.

[5] Asif, A., Zeeshan, M., Jahanzaib, M. (2018). Avaliação da temperatura interior, humidade relativa e níveis de CO_2 em edifícios académicos com diferentes sistemas de aquecimento, ventilação e ar condicionado. Build. Environ. 133, 83-90. https://doi.Org/10.1016/j.buildenv.2018.01.042

[6] Beggs, C.B. (2003). A transmissão de infecções pelo ar em edifícios hospitalares: facto ou ficção? Indoor Built Environ. 12, 9-18. https://doi.org/10.1177/1420326X03012001002

[7] Chang, Y.C., Lee, H.W., Tseng, H.H. (2007). A formação de fumo de incenso. J. Aerosol Sci. 38, 39-51. https://doi.org/10.1016/jjaerosci.2006.09.003

[8] Chen, F., Chen, H., Xie, J., Shu, Z., Mao, J. (2011). Distribuição de ar em sala ventilada por sistema de dispersão de ar em tecido. Build. Environ. 46, 2121 2129. https://doi.org/10.1016/j.buildenv.2011.04.016

[9] Cheng, Y., Lin, Z. (2015). Viabilidade técnica de uma sala ventilada por estrato para várias filas de ocupantes. Build. Environ. 94, 580-592. https://doi.org/10.1016/j~.buildenv.2015.10.015

[10]Gilkeson, C.A., Camargo-Valero, M.A., Pickin, L.E., Noakes, C.J. (2013). Medição da ventilação e do risco de infeção pelo ar em grandes enfermarias hospitalares com ventilação natural. Build. Environ. 65, 35-48. https://doi.org/10.1016/j.buildenv.2013.03.006

[11]Han, C.W., Noh, K.C., Oh, M.D. (2005). Avaliação do conforto térmico e do desempenho da ventilação numa sala de conferências com sistema de ventilação e dois sistemas de ar condicionado diferentes: sistema de ar condicionado ou unidade ventilo-convectora. Korean J. Air-Cond. Refrig. Eng. 17, 10791087. https://www.koreascience.or.kr/article/JAKO200507523359436.page

[12]Holmgren, H., Ljungstrom, E., Almstrand, A., Bake, B., Olin, A. (2010). Distribuição do tamanho das partículas exaladas na gama de 0,01 a 2,0 pm. J. Aerosol Sci. 41, 439446. https://doi.Org/10.1016/j.jaerosci.2010.02.011

[13] Jang, J.S., Noh, K.C., Oh, M.D. (2005). Estudo sobre a relação entre o ar interior Concentração de CO_2 e média local da idade do ar numa sala de conferências com um sistema de ar condicionado e uma unidade de ventilação para cargas de arrefecimento. Korean J. Air-Cond. Refrig. Eng. 17, 736745. https://www.koreascience.or.kr/article/JAKO200504704355296.page

[14]Ji, X., Le Bihan, O., Ramalho, O., Mandin, C., D'Anna, B., Martinon, L., Nicolas, M., Bard, D., Pairon, J.C. (2010). Caracterização das partículas emitidas pela queima de incenso numa casa experimental. Indoor Air 20, 147-158. https://doi.org/10.1111/j.1600-0668.2009.00634.x

[15]Jung, C.C., Wu, P.C., Tseng, C.H., Su, H.J. (2015). A qualidade do ar interior varia consoante os tipos de ventilação e as áreas de trabalho nos hospitais. Build. Environ. 85, 190195. https://doi.org/10.1016/j.buildenv.2014.11.026

[16]Kong, M., Dang, T.Q., Zhang, J., Ezzat Khalifa, H. (2017). Controlo microambiental para um arrefecimento local eficiente. Build. Environ. 118, 300312. https://doi.org/10.1016/j.buildenv.2017.03.040

[17]Lee, H., Awbi, H.B. (2004). Efeito da compartimentação interna na qualidade do ar ambiente com ventilação mista - análise estatística. Renewable Energy 29, 17211732. https://doi.org/10.1016/j.renene.2003.12.023

[18]Noh, J.H., Lee, J., Noh, K.C., Kim, Y.W., Yook, S.J. (2018). Efeitos das cortinas da enfermaria do hospital na ventilação em uma enfermaria de quatro camas. Aerosol Air Qual. Res. 18, 26432653. https://doi.org/10.4209/aaqr.2017.11.0469

[19]Noh, K.C., Oh, M.D. (2015). Variação da taxa de fornecimento de ar limpo e rácio de limpeza de ar eficaz de dispositivos de limpeza de ar ambiente. Build. Environ. 84, 4449. https://doi.org/10.1016/j.buildenv.2014.10.031

[20]Noh, K.C., Yook, S.J. (2016). Avaliação das taxas de fornecimento de ar limpo e da eficácia de custos operacionais para o sistema de ventilação e purificador de ar da sala numa pequena sala de aula. Energy Build.

119, 111-118. https://doi.org/10.1016Zj.enbuild.2016.03.027

[21]Parra, M.T., Villafruela, J.M., Castro, F., Méndez, C. (2006). Análise numérica e experimental de diferentes sistemas de ventilação em minas profundas. Construir. Environ. 41, 8793. https://doi.Org/10.1016/j.buildenv.2005.01.002

[22]Qian, H., Li, Y., Seto, W.H., Ching, P., Ching, W.H., Sun, H.Q. (2010). Ventilação natural para a redução de infecções transmitidas pelo ar em hospitais. Build. Environ. 45, 559565. https://doi.Org/10.1016/j.buildenv.2009.07.011

[23]Rim, D., Novoselac, A. (2010). Eficácia da ventilação como indicador da exposição dos ocupantes a partículas provenientes de fontes interiores. Build. Environ. 45, 12141224. https://doi.org/10.1016/j.buildenv.2009.11.004

[24]See, S.W., Balasubramanian, R., Joshi, U.M. (2007). Características físicas das nanopartículas emitidas pelo fumo do incenso. Ciência e Tecnologia. Adv. Mater. 8, 2532. https://doi.org/10.1016/j.stam.2006.11.016

[25]Tung, Y.C., Shih, Y.C., Hu, S.C., Chang, Y.L. (2010). Investigação experimental do desempenho de sistemas de ventilação numa casa de banho privada. Build. Environ. 45, 243251. https://doi.org/10.1016/j.buildenv.2009.06.007

[26]Villafruela, J.M., Castro, F., José, J.F.S., Saint-Martin, J. (2013). Comparação da eficiência de troca de ar, eficácia de remoção de contaminantes e risco de infeção como IAQ em quartos de isolamento. Energy Build. 57, 210-219. https://doi.org/10.1016/j.enbuild.2012.10.053

[27]Wang, A., Zhang, Y., Sun, Y., Wang, X. (2008). Estudo experimental da eficácia da ventilação e da distribuição da velocidade do ar numa maquete de cabina de avião. Build. Environ. 43, 337343. https://doi.org/10.1016/j.buildenv.2006.02.024

[28]Wu, C., Ahmed, N.A. (2012). Um novo modo de fornecimento de ar para a ventilação da cabina da aeronave. Build. Environ. 56, 47-56. https://doi.org/10.1016/j.buildenv.2012.02.025

[29]Zhuang, R., Li, X., Tu, J. (2014). Estudo CFD dos efeitos da disposição do mobiliário na qualidade do ar interior em esquemas de ventilação típicos de escritórios. Build. Simul. 7, 263275. https://doi.org/10.1007/s12273-013-0144-5

Printed by Books on Demand GmbH, Norderstedt / Germany